给孩子插上科学的翅膀

浙江摄影出版社

为什么电梯能升降

温会会◎文　曾平◎绘

浙江摄影出版社
全国百佳图书出版单位

电梯的发明，极大地方便了人们的生活。

只要走进电梯的轿厢，按下想去的楼层按键，电梯就会自动升降到相应的楼层。

电梯为什么能够上升和下降呢？让我们一起来探究吧！

根据驱动方式的不同，电梯可分为曳引式电梯、液压式电梯、卷筒式电梯等。

4

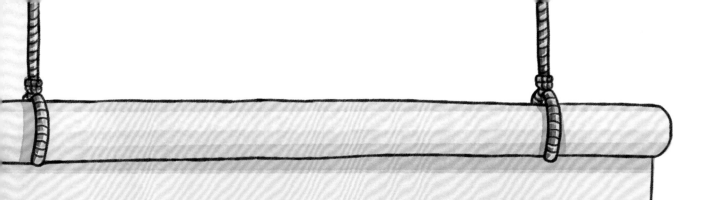

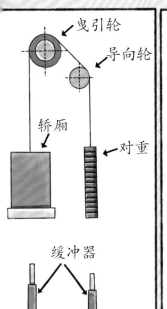

曳引式电梯
结构示意图

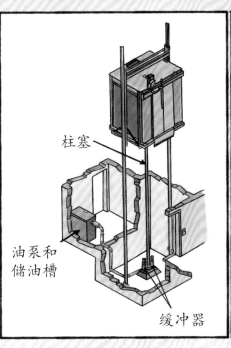

液压式电梯
结构示意图

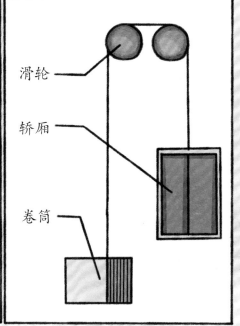

卷筒式电梯
结构示意图

由于曳引式驱动的优点更多，所以现代电梯大多采用这种驱动模式。那么曳引式电梯是如何工作的呢？

让我们来了解一下曳引式电梯的结构吧！

曳引式电梯主要由曳引系统、轿厢、重量平衡系统、电力拖动系统等部分构成。

各个系统之间相互配合，共同控制电梯的运行。

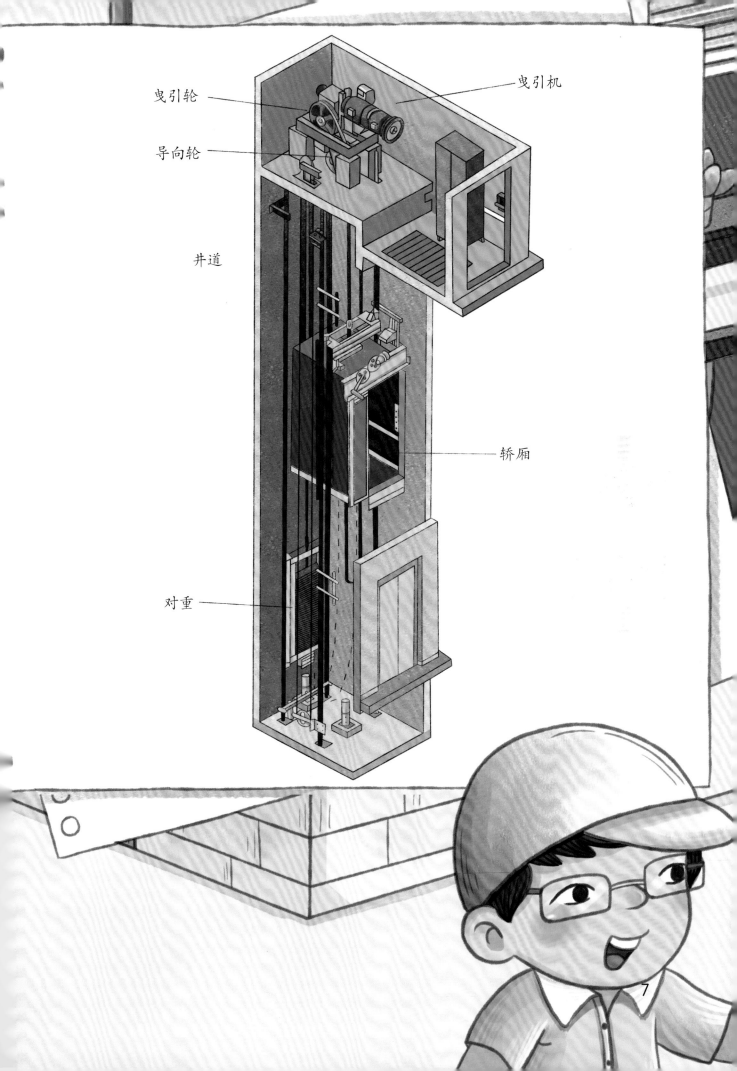

曳引轮

曳引机

导向轮

井道

轿厢

对重

7

电梯井道和电梯轿厢配合得十分默契。
根据不同的轿厢"身材"，电梯井道的
大小也有所不同。

我是导轨，是电梯运行在井道的安全路轨。

在电梯井道的内部，
装有导靴和导轨。

人们乘坐的电梯"箱子"，叫作轿厢。

我们走进电梯门，就进了轿厢；离开电梯门，就出了轿厢。

轿厢是电梯的一个重要组成部分，能够承载和运送一定重量的乘客和物资。

电梯的重量平衡系统中有一个对重装置，专门用来平衡轿厢的重量。

14

轿厢与对重就像一对兄弟，两者相互协作，缺一不可。曳引钢丝绳连接着它们，有了对重，轿厢上升或下降会更轻松。

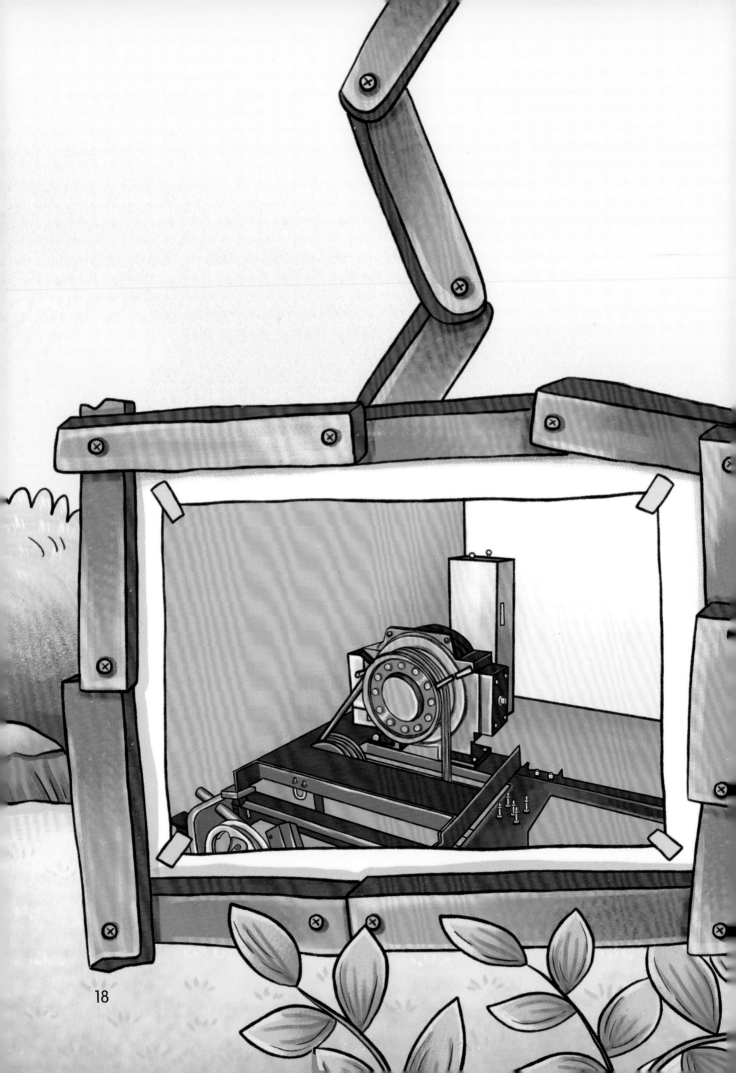

电梯能够平稳地运行，还离不开电力拖动系统的帮忙。

电力拖动系统负责为电梯提供动力，对电梯实行速度控制。

当我们按下想要抵达的楼层按钮后，电梯就开始工作了。

电梯的曳引轮带动曳引钢丝绳运转，由于曳引钢丝绳与轿厢及对重相连，电梯就动起来了！

稍等一下，谢谢！

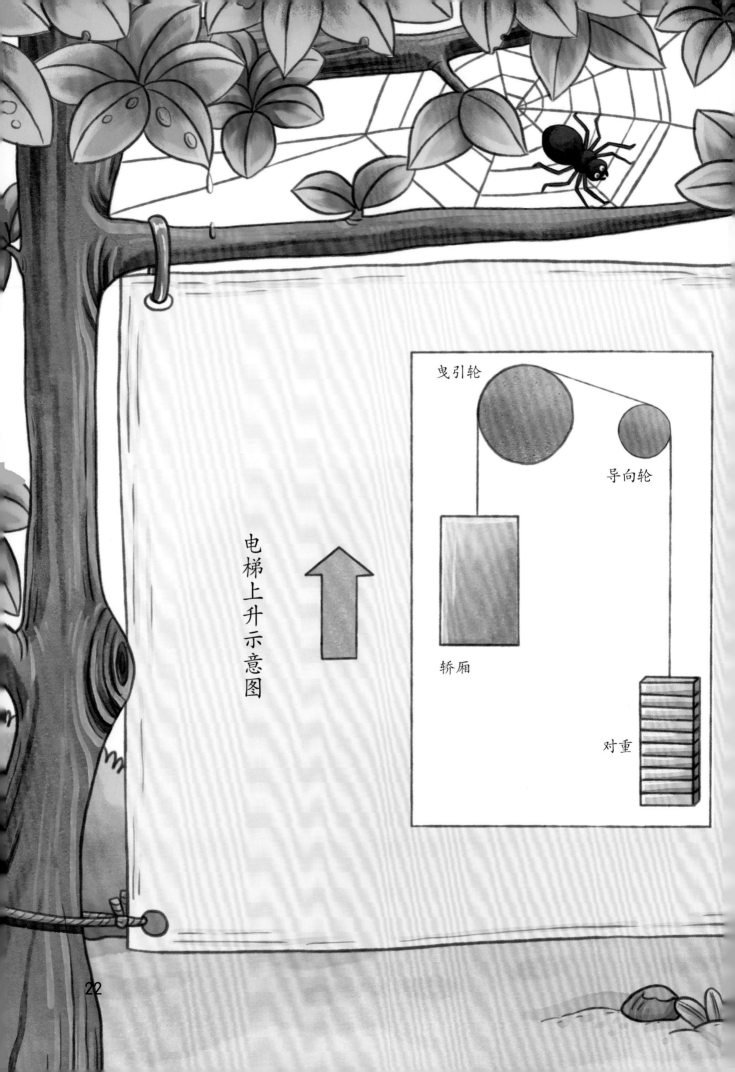

电梯上升示意图

曳引轮

导向轮

轿厢

对重

22

电梯为什么能上升呢？

具体来说，在曳引钢丝绳的作用下，电梯的对重下降，电梯的轿厢就会上升。

电梯为什么能下降呢？

在曳引钢丝绳的作用下，电梯的对重升起来，电梯的轿厢就会往下降。

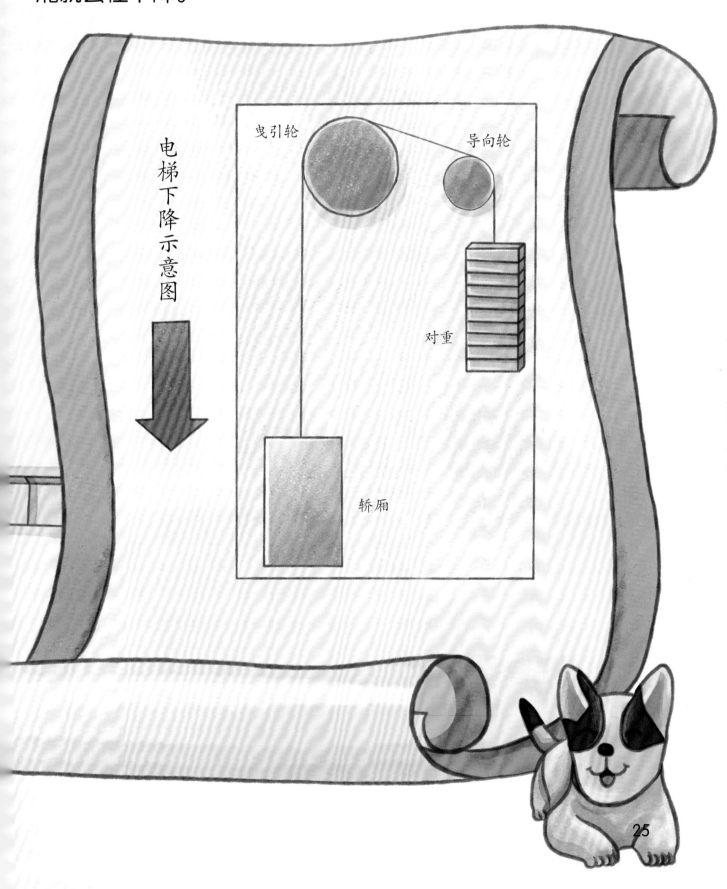

电梯下降示意图

曳引轮

导向轮

对重

轿厢

正是各个部分协同工作，电梯才得以顺利运行。

　　乘坐电梯时，我们要注意安全，不要在电梯内随意蹦跳、嬉戏打闹。

　　遇到火灾时，记得不要乘坐电梯，要认准紧急出口标志逃生。

责任编辑　王梁裕子
责任校对　王君美
责任印制　汪立峰　陈震宇

项目设计　北视国

图书在版编目（CIP）数据

　　为什么电梯能升降 / 温会会文；曾平绘．-- 杭州：
浙江摄影出版社，2024.1
　　（给孩子插上科学的翅膀）
　　ISBN 978-7-5514-4733-1

　　Ⅰ．①为…　Ⅱ．①温…　②曾…　Ⅲ．①电梯－少儿读
物　Ⅳ．① TU857-49

　　中国国家版本馆 CIP 数据核字（2023）第 210665 号

WEISHENME DIANTI NENG SHENGJIANG
为什么电梯能升降
（给孩子插上科学的翅膀）

温会会　文　曾平　绘

全国百佳图书出版单位
浙江摄影出版社出版发行
　　　　地址：杭州市体育场路 347 号
　　　　邮编：310006
　　　　电话：0571-85151082
　　　　网址：www.photo.zjcb.com
制版：杭州市西湖区义明图文设计工作室
印刷：北京天恒嘉业印刷有限公司
开本：889mm×1194mm　1/16
印张：2
2024 年 1 月第 1 版　2024 年 1 月第 1 次印刷
ISBN　978-7-5514-4733-1
定价：39.80 元